# The Penguin Book

# 企鹅

[日] 日贩IPS◆编著　何凝一◆译

# 企鹅的故乡

企鹅生活在南半球的海岛，从南极大陆到赤道的广阔海洋和众多岛屿上都有它们的身影。无论是北半球，还是与南极气候相似的北极，几乎没有野生企鹅栖息。不过，南美洲国家厄瓜多尔的加拉帕戈斯群岛中有一座名为伊莎贝拉的岛屿，那里是加拉帕戈斯企鹅的主要繁殖地。由于该岛的北端穿越赤道，所以加拉帕戈斯企鹅便成为唯一一种生活在北半球的企鹅。

大多数人提到南极就会想起企鹅，但实际上，在南极大陆繁殖的只有帝企鹅和阿德利企鹅。帝企鹅是唯一在南极冰川寒冷的冬季进行繁殖、孵卵的企鹅。而当夏季来临、南极冰层融化时，阿德利企鹅才会在露出的岩石和地面进行繁殖。

“企鹅=冰川”的印象完全是由这两种在南极半岛以南繁殖的企鹅造成的。与帝企鹅同属，体形稍微小一些的王企鹅则是在大西洋和印度洋靠南极附近的岛屿上繁殖，并没有生活在南极。

洪堡企鹅生活在秘鲁和智利中部附近的太平洋沿岸，最北端的繁殖地是位于南纬5°的福克岛，最南端的繁殖地是位于南纬42°的奇洛埃岛。繁殖中心地位于南纬33°的智利阿尔加罗沃附近。也就是说，洪堡企鹅不是寒带动物，而是温带动物。

温带和亚寒带地区的海岛，以及赤道附近都有洪堡企鹅的身影。之所以名为“洪

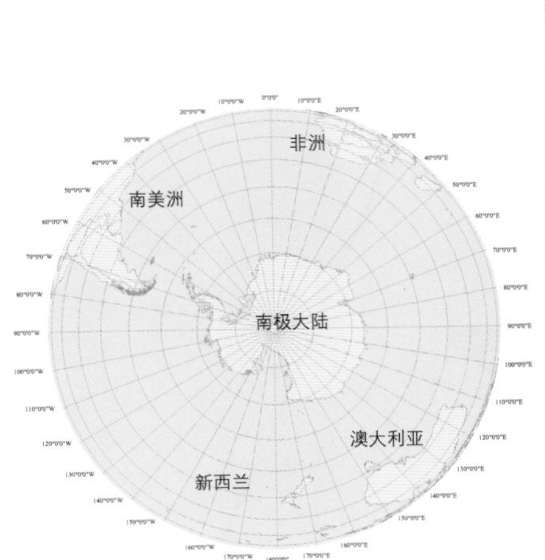


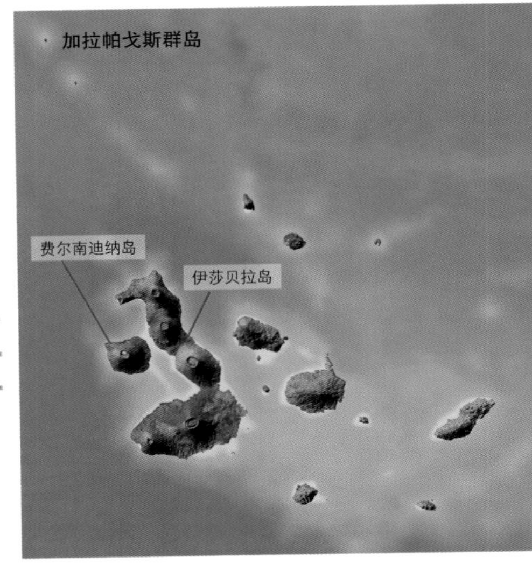

堡企鹅”，是因为它们栖息的地带均受到洪堡洋流（又名秘鲁洋流）的影响。洪堡洋流是具有冷却大气、减少海水蒸发量、阻碍降雨降雪作用的寒流，因此，受洪堡洋流影响的太平洋沿岸地区非常容易沙漠化。尽管加拉帕戈斯群岛位于赤道附近，但因为受洪堡洋流的影响较大，气候相对来说，适宜企鹅生存。

伊莎贝拉岛的风景。

非洲也有企鹅栖息。黑脚企鹅又名非洲企鹅，主要在南非和纳米比亚南部繁殖。南非的开普敦盛夏时节的最高气温可达 40 ℃，有记录的最低气温是 -1.3 ℃，基本上是与冰雪无缘的温暖地区。

成年的黑脚企鹅大多会定居在一个地方，它们在温暖的陆地筑巢，全年都会繁殖。南非沿岸的海域是黑脚企鹅猎食的地方，丰富的浮游生物为黑脚企鹅提供了充足的食物。这里受本格拉寒流的影响，盛行南风和东南风。表层海水从非洲沿岸流向海洋，而位于海面数百米下的底层冰冷海水则会上涌，但因为是寒流，很难形成上升气流，所以降水量非常小。

企鹅就像一种喜欢在食物丰富的冰冷海域活动的海鸟。

加拉帕戈斯企鹅。

# 企鹅的分类

“企”字，有抬脚后跟站立之意。企鹅直立的样子酷似人类，同时又因为体形跟其他鸟类相去甚远，所以一直难以确定它们的分类，尤其是在形态学和比较解剖学占主流的时代，关于企鹅究竟应该划分为哪一类的问题始终存在着争论。

在 20 世纪 90 年代，分子系统学得到进一步发展，通过对蛋白质的氨基酸序列和 DNA 的碱基序列进行研究，人类得出了生物进化的路径。人们发现鸟纲企鹅目与鹱形目相近，与潜鸟目、鹳形目、鹈形目、鲣鸟目也并非相隔得那么远。

企鹅虽然是丧失了飞翔能力的海鸟，但其基因却与飞翔能力出色的鹱形目鸟类的基因相近，真是不可思议。

中生代白垩纪结束之后，在 6500 万年前新生代古近纪时期，企鹅的祖先可能已失去了飞翔能力。最古老的企鹅化石是在新西兰发现的距今 6000 万年前的威马奴企鹅。威马奴企鹅和潜鸟存在着许多共同点，但当时的威马奴企鹅已经失去了飞翔能力，反而拥有在水中生存的特殊能力。直到现在，人们还尚未发现可推证企鹅能在空中飞翔的化石。

企鹅目包括 6 属，分别是王企鹅属、角企鹅属、小企鹅属、黄眼企鹅属、阿德利

【左】降落在水面的鹱（摄于加拿大大西洋沿岸的芬迪湾）。【右】在北美洲北部和格陵兰岛繁殖的普通潜鸟。

企鹅属、企鹅属。其中，从系统上来说，帝企鹅和王企鹅所在的王企鹅属被认为是最古老的企鹅属，后来又出现不同的意见，认为黄眼企鹅属才是最古老的企鹅属。

还有几句题外话。已经灭绝的桨翼鸟与企鹅极为相似，它们生活在距今 3500 万年至距今 1700 万年的日本和美国太平洋沿岸，体长 1~2 米，没有飞翔能力，翅膀像鱼鳍一样可以帮助它们在水中游泳，用细长的脖子捕食鱼类。人们曾经认为桨翼鸟与鹈鹕相近，但是对其 3 块头部化石进行断层扫描，再现脑部结构后得出结论：相比鹈鹕，桨翼鸟更像企鹅。这表明桨翼鸟并不是鹈鹕的同类，反而与企鹅的关系更为紧密。如果是这样，那北半球或许真的曾有企鹅存在。

鹳形目鹳科的白鹳（摄于白俄罗斯）。

01

# 帝企鹅

Emperor Penguin

学名：*Aptenodytes forsteri*　体长：100~130 厘米

体重：20~45 千克　繁殖地：南极

帝企鹅下喙侧面的红色部分称为下嘴板，颜色的深浅存在个体差异。

帝企鹅是现存体形最大的企鹅。在南极进行繁殖，栖息在水浅的大陆架。除繁殖期以外，都是在海上群居生活。通常可以潜入水中 2 分 30 秒至 4 分钟，捕捉鱼、乌贼、磷虾等为食。帝企鹅最深的潜水记录是 564 米，时间甚至长达 22 分钟。

帝企鹅会在零下数十度的冰川上进行繁殖。阿德利企鹅虽也在南极繁殖，但它们会选择在夏季冰雪消融后地面露出来的地方。只有这两种企鹅是在南极繁殖的，但唯一会在冰川地带育儿的仅有帝企鹅。距离海岸 50~160 千米的内陆也是帝企鹅的育儿地带。

每年 3—4 月的秋季，帝企鹅就会上岸；5—6 月的时候，雌帝企鹅会产下重 450 克左右的蛋，然后耗尽体力产卵的雌帝企鹅返回大海捕食，雄帝企鹅会把卵放到脚背上，以站立的姿势在 -60 ℃的冰川上孵卵。帝企鹅雏鸟身披灰色的绒羽，头部呈黑色，面部则是白色的。

【上】不分昼夜活动的帝企鹅。【下】帝企鹅一家喜欢栖息在水浅的大陆架周围。

帝企鹅是现存的所有企鹅中体形最大的一种，其特征是身形魁梧、头部较小。

【上】在求偶、繁殖或受到威胁的时候，帝企鹅会发出叫声。【下】将头依偎在对方胸部的帝企鹅。

【上】雌帝企鹅将捕捉到的磷虾等食物储存在胃里，回到岸上后再吐出来喂雏鸟。【左下】身披黑色和灰色绒羽的帝企鹅雏鸟。【右下】帝企鹅雏鸟出生后的一个月，都是在父母的肚子下面度过的。

【上】与阿德利企鹅面面相觑的 3 只帝企鹅。【中】帝企鹅利用腹部滑行，比走路的速度更快。【下】帝企鹅喙的长度大约为 8 厘米。相对于身体而言，它们的头非常小。

帝企鹅雏鸟们聚集在一起，形成“Crèche”。
“Crèche”在法语中是“托儿所”的意思。

COLUMN

# 企鹅的天敌

无论哪种企鹅，都往返于大海和陆地之间生活，所以海陆两边都有它们的天敌。为了保护自己，企鹅基本上都会集体行动。它们在繁殖地开辟出栖息区域后，大多数情况下都是集体出海觅食。这样即便不幸遇到天敌，也能尽量保护同伴少受伤害，这不失为企鹅的一种智慧。

虎鲸是海里最强大的捕食者之一。就算是企鹅中体形最大的帝企鹅，位于食物链顶端的虎鲸也能将它整个吞下。虎鲸在几乎所有的海域出没，因此称得上是整个企鹅家族的敌人。另外，企鹅的天敌豹形海豹也是声名远扬的捕食者，它们会埋伏起来袭击跃入海中的企鹅，一天甚至能吃掉 15 只以上的企鹅。

属于齿鲸亚目的虎鲸。

豹形海豹不是像虎鲸一样将企鹅整个吞下，而是用坚利的牙齿衔着它甩来甩去，撕碎后再吃掉。

企鹅觅食时，集团中会有一只“打头阵的企鹅”担任最先跃入大海的角色。一旦海中有豹形海豹埋伏，打头阵的企鹅就会被吃掉；反之，如果它跃入大海后开始游弋觅食，那说明附近没有豹形海豹。

第一只跃入大海的企鹅就像是祭品。相比于多只企鹅同时跃入大海，造成大量牺牲，这种由一只企鹅身先士卒的模式能保护到更多的个体。

企鹅在陆地上的敌人则是贼鸥，它们会在企鹅的栖息区域和筑巢地上空盘旋，趁企鹅父母不注意时捕食企鹅雏鸟和企鹅蛋。贼鸥在极地出没，生活在南极的企鹅还要抵御南极贼鸥的袭击。企鹅不仅要在严峻的环境中直面牺牲，同时还要学会如何保护后代。

豹形海豹拥有锋利的牙齿，性情粗暴，游泳速度很快。

贼鸥属于大型鸟类，张开双翼后翼展可达 130 厘米。

02

# 王企鹅

King Penguin

学名：*Aptenodytes patagonicus*　体长：85~95 厘米　体重：10~16 千克
繁殖地：南大西洋，或散布在印度洋南纬 45°~55° 的亚南极群岛

漫步在马尔维纳斯群岛沙滩上的王企鹅。

凯尔盖朗岛、南乔治亚岛、赫德岛、克罗泽群岛、马尔维纳斯群岛、爱德华王子群岛等地均有王企鹅的繁殖地。

王企鹅与帝企鹅形态相似，两者都属于王企鹅属，但王企鹅的体形更小一些。它们的潜水深度在 100~300 米，白天潜入深海捕食沙丁鱼、章鱼、乌贼等。在繁殖期，它们会开辟出大片的栖息区域，但不会筑巢来育儿，雌雄王企鹅会角色交换，但主要由雄王企鹅将卵放在脚背上进行孵卵。帝企鹅也有相同的行为，所以这被认为是王企鹅属企鹅特有的习性。王企鹅雏鸟全身覆盖着焦茶色的绒羽，冬季好似蛰伏一样，夏季则会大量进食，迅速生长。另外，王企鹅雏鸟会聚集在一起形成“Crèche”，共同抵御严寒。出生后大约 1 年，王企鹅雏鸟的毛色才能变得与父母的一样，王企鹅是企鹅中育儿所需时间最长的种族。

作为一种栖息在相对温暖地域的企鹅，王企鹅比较容易进行人工饲养，在许多动物园和水族馆里都能见到它们的身影。

【上】雄王企鹅跳到趴在地上的雌王企鹅背部来进行交配。【左下】王企鹅的孵卵期约为 54 天，雏鸟离开亲代差不多需要 1 年的时间。【右下】褪去焦茶色绒羽的王企鹅雏鸟。

生活在南乔治亚岛和南桑威奇群岛的王企鹅。

王企鹅头部至颈部的渐变橙色非常漂亮。

【上】混在“Crèche”里的王企鹅成鸟。【下】成群结队游泳的王企鹅。王企鹅雏鸟的绒羽没有防水性，所以不能下海游泳。

一片栖息区域内聚集了一万多只王企鹅，形成密集的群体，这就是所谓的群居性。

## 03

# 跳岩企鹅（凤头黄眉企鹅）

Rockhopper Penguin

学名：*Eudyptes chrysocome*　体长：45~58 厘米　体重：2.5~4.0 千克
繁殖地：亚南极群岛和印度洋、南太平洋的温带地区

跳岩企鹅是角企鹅属中唯一一种头上竖着黑色装饰翎毛的企鹅。

跳岩企鹅，因喜在岩石上以双脚跳跃前行而得名。它们的特征是眼睛上方的黄色线条，以及头顶竖着的黑色和黄色的装饰翎毛。它们的性格极具攻击性，不仅会攻击其他企鹅，有时还会攻击人类。跳岩企鹅会将石头和土搬运到海岸、海岬上和岩壁中，开辟出大片的栖息区域，而且还具有每年繁殖期都会回到同一地方的习性。因此，同样的道路在反复使用很多次之后，就能看到一条跳岩企鹅专用的“企鹅公路”。从栖息区域前往大海时，跳岩企鹅会顺着堤坝和岩壁滑下，有时也会从高处跳下。另外，通常来说，企鹅都是头朝大海纵身跃入，但跳岩企鹅有时也会直立着跳进大海。

雌跳岩企鹅每次产卵 1~2 枚，不过第一枚卵很少被孵化，通常都是从第二枚卵开始孵化。此外，跳岩企鹅还有 3 个亚种，分别是南跳岩企鹅、东跳岩企鹅和北跳岩企鹅。

一对跳岩企鹅母子，依恋着妈妈的雏鸟的装饰翎毛还没有长出来。

【上】两只跳岩企鹅的脸凑在一起，好像在交谈的样子。【下】在妈妈肚子下取暖的跳岩企鹅雏鸟，头部、颈部和整个背部都覆盖着灰茶色的绒羽。

【上】像是在空中飞翔一般畅游的跳岩企鹅。【中】跳岩企鹅在海面小幅度跳跃，可以加快游泳的速度。
【下】每年 11—12 月产下 1~2 枚卵，雌雄跳岩企鹅轮流孵化。

跳岩企鹅在马尔维纳斯群岛上的栖息区域。

【上】在岩石上晒太阳的两只跳岩企鹅。【下】跳岩企鹅在换毛期间无法捕食，因而体重会下降。

【上】跳岩企鹅成鸟的眼睛呈红色，雏鸟的则呈茶色。【下】跳岩企鹅的“Crèche”，雏鸟长成胖嘟嘟的样子后才开始换毛。

角企鹅属中体形最小的跳岩企鹅，不仅在岩石上跳跃，在平地移动时也会跳跃前行。

04

# 马可罗尼企鹅

## Macaroni Penguin

学名：*Eudyptes chrysolophus*　体长：66~70 厘米　体重：5~6 千克
繁殖地：南极周边、南极半岛

马可罗尼企鹅学名中的“*chrysolophus*”的意思是“金黄色的冠羽”，这是因其装饰翎毛而得名。

马可罗尼企鹅的最大特征是额头上的装饰翎毛，它们是角企鹅属中生活地域最为寒冷的企鹅。马可罗尼企鹅个体之间拥有较高的同步性和一起产卵的习性。它们会潜入深 15~70 米的海中觅食，最深的潜水记录达 100 米，鱼、乌贼、磷虾等都是它们的捕食对象。

马可罗尼企鹅会用碎石和泥浆在地面修筑小型的巢穴，每一个栖息区域通常都有几十万只停留，群体规模相当庞大。每年 11 月初，雌马可罗尼企鹅会产下 2 枚卵，通常第一枚都不会被孵化，这种习性在角企鹅属的其他种类企鹅身上也能看到。每隔一段时间，雌雄马可罗尼企鹅轮流孵卵。孵化后的 23~25 天，雏鸟由雄马可罗尼企鹅负责照顾，雌马可罗尼企鹅出海捕食。

在 18 世纪，崇尚意大利潮流文化，喜爱打扮的男子，就会被称为“马可罗尼”。马可罗尼企鹅的金黄色装饰翎毛让人联想到那些喜爱打扮的男子，它们也因此而得名。

【上】马可罗尼企鹅跃出水面游泳的样子看起来就像海豚。【下】马可罗尼企鹅金黄色的装饰翎毛像头发一样垂着。

【上】马可罗尼企鹅茶红色的喙。【下】马可罗尼企鹅在 11 月左右产卵，孵卵需要 33~37 天。

生活在南乔治亚岛的马可罗尼
企鹅夫妇。

现今马可罗尼企鹅的生存数量有
1000 万余只。

05

# 峡湾企鹅（黄眉企鹅）

## Fiordland Penguin

学名：*Eudyptes pachyrhynchus*　体长：40~60 厘米　体重：2.5~4.8 千克
繁殖地：新西兰西南部的峡湾和斯图尔特岛一带

峡湾企鹅奉行一夫一妻制，雌雄企鹅之间的感情深厚。

峡湾企鹅是角企鹅属中性格最为小心谨慎的种族，它们是新西兰特有的企鹅。由于峡湾企鹅会在新西兰西南部峡湾的森林中筑巢，所以也被称为“住在森林里的企鹅”。动物繁殖一般都会避开寒冷的季节，但峡湾企鹅和帝企鹅反而是在冬季进行繁殖。峡湾企鹅在冬季繁殖的原因是，在这段时间安置在森林里的巢穴温度刚好适合繁殖。由于繁殖地的气候多变，非常不利于峡湾企鹅在海岸育儿，但如果是在森林里，有树木遮挡风雨，就会少了后顾之忧。

峡湾企鹅的巢穴基本上都是独立的，很少会开辟公共的栖息区域。它们的巢穴都非常稳固，相互之间间隔 2~3 米，不过中间植物茂密，所以根本看不到彼此。雄峡湾企鹅会将雏鸟放在脚背上，担任保护的角色，雌峡湾企鹅则负责喂食。

【上】伫立在密林里的峡湾企鹅。【下】峡湾企鹅黄色的装饰翎毛看起来像眉毛，所以也被称为“黄眉企鹅”。

峡湾企鹅的许多繁殖地都难以靠近，所以它们具体的生存数量，人类不得而知。

06

# 斯岛黄眉企鹅

## Snares Penguin

学名：*Eudyptes robustus*　体长：51~61 厘米　体重：2.5~4.8 千克
繁殖地：新西兰南部的斯奈尔斯群岛

斯岛黄眉企鹅的喙比较厚实，所以好多地的人们亲切地唤它们为“大嘴”，其学名中的“*robustus*”也是“强壮的”的意思。

斯岛黄眉企鹅的外形与峡湾企鹅的外形非常相似，但斯岛黄眉企鹅眼睛下方没有白色的羽毛，而且喙根部的皮肤呈粉红色。这种企鹅只在新西兰的斯奈尔斯群岛繁殖，所以繁殖地受到该国政府的保护。作为栖息在斯奈尔斯群岛的特有种族，斯岛黄眉企鹅不用和其他企鹅一起混居在栖息区域，它们会在森林里和地下的浅层筑巢。觅食时它们三三两两结伴同行，反复多次潜入浅海捕食磷虾、乌贼、章鱼和小鱼。

雌斯岛黄眉企鹅会在 9 月上旬至 10 月上旬产下 2 枚卵，最先孵化的是第二枚卵，极少数情况下也会孵化第一枚卵，但因为第一枚卵孵出来的雏鸟体形太小，争不到食物，大多数时候都会饿死。出生大约 11 周后，少数雏鸟就会结队前往海岸，来回几次后最终跃入大海。

斯岛黄眉企鹅与峡湾企鹅相似，
但其眼睛下方没有白色的羽毛，
而且喙根部的皮肤呈粉红色。

斯岛黄眉企鹅会把草、小树枝、小石子等衔到巢穴里，与其他企鹅的习性区别很大。

【上】接二连三上岸的斯岛黄眉企鹅。由于新西兰政府严禁登陆斯奈尔斯群岛，摄影师很难捕捉到斯岛黄眉企鹅的身影。【下】直立的斯岛黄眉企鹅，其黄色的装饰翎毛让人感觉到它的威严。

COLUMN

# 已经灭绝的大海雀

大海雀是一种海鸟，拥有与企鹅类似的特性。据记载，大海雀已于19世纪四五十年代灭绝。位于加拿大东海岸的纽芬兰岛至北冰洋一带是它们的栖息地，成群的大海雀曾经生活在这里。

大海雀的体长约80厘米，体重约5千克，体形较大。从分类上来看，大海雀属于鸻形目海雀科，与企鹅完全不同，但是大海雀的学名里带有“*Pinguinus*”一词。其实，最初被命名为“企鹅”的物种就是大海雀，后来人们又在南半球发现形似大海雀的鸟类，并将它们称为“南极企鹅”。在大海雀灭绝后，随后发现的物种就都被冠以“企鹅”之名。

大海雀的行为和动作与企鹅类似，会潜入海里捕食乌贼和磷虾，在陆地上直立行走。它们的卵非常大，直径约为13厘米，质量可达400克，表面呈黄

伫立在冰岛的大海雀铜像。

白色，夹杂着黑色斑点。雌雄大海雀轮流孵蛋，孵化期为 6~7 周。雌大海雀每年繁殖 1 次，每次只产 1 枚卵，繁殖能力极低。

最初发现时，大海雀就像今天的鸽子和乌鸦一样常见，数量多达几百万只。从 8 世纪开始就有人捕杀大海雀。它们的蛋和肉可以食用，羽毛和脂肪是可利用的资源，因而惨遭捕杀。再加上它们对人类几乎没有戒备心，很容易接近，故而在遭到捕杀后数量急剧下降。

1820 年左右，大海雀的繁殖地仅剩位于冰岛海面的海雀岩礁，这里四周都是悬崖，人类无法靠近。繁殖地是守住了，然而由于 1830 年海底火山喷发，引发地震，致使海雀岩礁沉入大海，幸存下来的大约 50 只大海雀被迫迁徙到埃尔德岩礁。不过，由于大海雀濒临灭绝，数量相当稀少，制作成标本后能以高价出售，接二连三地又遭到人类的捕杀。经确认，最后一对大海雀是在孵卵时被人类捕杀，当时蛋壳已经破裂。此后，虽然世界各地都有人声称见到大海雀，但始终没有得到证实。

大海雀的插画。

07

# 皇家企鹅

## Royal Penguin

学名：*Eudyptes schlegeli*　体长：65~70 厘米　体重：3.2~6.0 千克
繁殖地：澳大利亚的麦夸里岛

皇家企鹅是角企鹅属中体形最大的种族。

皇家企鹅仅在澳大利亚的世界自然遗产地麦夸里岛繁殖。乍看上去，它们与马可罗尼企鹅非常相似，但皇家企鹅的面部是白色的，马可罗尼企鹅的面部是黑色的。不过，如果是雏鸟的话，两者根本无法分辨。皇家企鹅的繁殖期和育儿阶段也与马可罗尼企鹅的相似，雌企鹅产下 2 枚卵，最后仅有 1 只雏鸟离巢。它们的栖息区域散布在长长的海岸线上，有时候也会在距离海岸约 1 千米、海拔 150 米左右的内陆山丘上栖息。由于都是沿着固定的路线前往内陆栖息区域，所以自然地形成一条“企鹅公路”。

皇家企鹅会在沙地挖洞筑巢，在里面放许多小石子。它们一天的大部分时间都在远离陆地的海上度过，以磷虾、小鱼为食，偶尔也会吃乌贼。1870 年至 1919 年，为了获取它们身上的脂肪，从中提炼油，皇家企鹅遭到人类大量捕杀。自麦夸里岛禁捕企鹅之后，大幅减少的数量才有所回升。

【上】一边拍打着鳍状肢（翅膀）一边高声鸣叫的皇家企鹅。【下】腹部贴地放松的皇家企鹅，看起来就像蜷起爪子伏着的猫咪。

高贵气派的金色冠羽是“皇家企鹅”
名字的由来。

【上】尾巴和翅膀是曾经在天空飞翔过的企鹅祖先留给后代的烙印。【下】有时会出现皇家企鹅争夺食物和配偶的打斗场面。

到了5月，所有皇家企鹅都会离开繁殖地，前往越冬地。9月中旬至下旬又会返回繁殖地。

【上】皇家企鹅的眼睛是茶红色的，喙根部露出粉红色的皮肤。【下】年纪幼小的皇家企鹅的装饰翎毛还比较短。

## 08

# 小蓝企鹅

## Little Penguin

学名：*Eudyptes minor*　体长：40~45 厘米　体重：1.0~1.1 千克
繁殖地：澳大利亚、新西兰本岛以及周围的群岛

小蓝企鹅身形小巧可爱，所以也叫仙企鹅。

小蓝企鹅是现存企鹅中体形最小的种族。它们背部的毛呈蓝灰色，腹部全白，在新西兰，人们亲切地将它们称为蓝企鹅。小蓝企鹅无法直立行走，前倾的姿势非常有特点。小蓝企鹅性格极具攻击性，领地意识也很强，会以威胁、撕咬、拍打鳍状肢等方式展开攻击，进行自我防卫。

小蓝企鹅在海岸的草地、岩石下以及沿海的屋檐下筑巢。它们整年都在繁殖地附近生活，巢穴固定。小蓝企鹅整体分为洞穴型和穴居型两个群体：洞穴型群体会利用海浪侵蚀而成的洞作巢穴；穴居型群体则会挖洞，将洞窟里有遮挡物的地方作为巢穴。觅食时，小蓝企鹅会形成名为"木筏"的集体，在日出前潜入海中。澳大利亚的最大城市悉尼也有小蓝企鹅的栖息区域，有时候还能看到它们大摇大摆穿过人口密集的地区，步行前往海岸的身影。

小蓝企鹅走路前倾的姿势被认为与企鹅的祖先最为接近，因此其被称为最古老的企鹅种族。

【上】小蓝企鹅喙的颜色偏黑，背部的羽毛呈蓝灰色，没有其他企鹅那样的色斑和装饰翎毛。【下】小蓝企鹅属于夜行动物，日落后更容易观察其行径。

小蓝企鹅在靠近海岸的草丛里用数周时间修筑巢穴，雌企鹅会产下 2 枚卵。海鸥、海雕、海狮是小蓝企鹅的天敌。

白天不出海的时候，小蓝企鹅会重复进行 4 分钟左右的睡眠。

【上】袋鼠岛上的路标，呼吁大家为小蓝企鹅让路。【下】与成年企鹅的眼睛相比，小蓝企鹅雏鸟的眼睛没有蓝色。

小蓝企鹅雏鸟离巢后，会分散在远方的海上生活 1~2 年。

09

# 黄眼企鹅

## Yellow-eyed Penguin

学名：*Megadyptes antipodes*　体长：66~78 厘米　体重：5~8 千克
繁殖地：新西兰的南岛和北部的群岛

黄眼企鹅是现存企鹅中数量最少，被认定为濒临灭绝的物种。

黄眼企鹅自成一属，是特有的物种。它们从眼睛开始到头部有一条黄线，头顶也混杂着黄色羽毛，所以看起来整个头部都是黄色的。生活在新西兰南岛的黄眼企鹅时刻都对人类保持着警惕，但在无人定居的奥克兰群岛，它们则悠然过着自己的生活。在16世纪左右，新西兰南岛的黄眼企鹅就已经灭绝。据推测，如今生活在这里的黄眼企鹅应该是从其他栖息地迁移过来的。察觉到危险时，黄眼企鹅的身体会前倾，在鳍状肢的配合下转变成用四只“脚”奔跑。

黄眼企鹅一年到头都会生活在繁殖地，但它们选择单独筑巢，不会形成栖息区域。它们的雏鸟聚集形成“Crèche”的现象也非常罕见，大多数都是待在自家的巢穴附近。雌黄眼企鹅每次产卵 2 枚，雌雄黄眼企鹅交替孵卵，2 枚卵同时进行，也不会偏向其中任何一只雏鸟，而是平等地喂食。近年来由于黄眼企鹅繁殖地的森林遭到严重砍伐，它们的数量正在不断减少。

【上】相互嬉戏的黄眼企鹅。【下】利用鳍状肢跃出水面游泳的黄眼企鹅。

在企鹅当中，黄眼企鹅算是不太喜欢群居的孤傲种族。为了躲避天敌，它们通常都是晚上出海捕食。

【上】黄眼企鹅正前往与海岸方向相反的森林深处。【下】身披明亮茶色绒羽的黄眼企鹅雏鸟，头上还没有长出黄色的带状羽毛。

黄眼企鹅在企鹅家族中属于比较长寿的，有的个体甚至可以活 20 年。

【上】在当地原住民的语言中，黄眼企鹅被称为“hoiho”，意思是“大嗓门的人”。【中】黄眼企鹅性格非常小心谨慎。【下】黄眼企鹅的形象被印在新西兰 5 元纸币的背面，是企鹅家族中广为人知的存在。

从这对黄眼企鹅母子可以看出，出生后 1 年的雏鸟，个头就几乎与妈妈一样了。

【上】黄眼企鹅头部明亮的黄色、黑色羽毛混杂在一起，配色非常具有辨识度。【下】黄眼企鹅喜欢吃沙丁鱼之类的小鱼。

10

# 阿德利企鹅

## Adelie Penguin

学名：*Pygoscelis adeliae*　体长：60~70 厘米　体重：3.7~6.0 千克
繁殖地：南极大陆沿岸

广告中经常用阿德利企鹅作素材，它们是大家都非常熟悉的企鹅。

阿德利企鹅的标志性特征是眼睛周围的白色眼圈，但其雏鸟眼睛周围看不到眼圈。阿德利企鹅会潜到6~10 米深的海中捕食磷虾、鱼、乌贼、章鱼等。它们的繁殖期为 10 月至第二年的 2 月，时间非常短暂。阿德利企鹅通常会在海岸地带地面上露出来的位置用小石头筑起高高的巢穴。尽管是夏天，但南极的气温依然很低，卵一旦碰到融化后的冰水，就没法孵化出雏鸟了，所以必须尽可能地把巢穴筑得高一些。栖息区域扩大之后，小石子就会变得稀缺，从其他巢穴偷取小石子的行为就会频繁发生。雏鸟会在巢里待 3~4 周，长大后便聚集在一起形成“Crèche”，企鹅父母会在“Crèche”中通过叫声来辨别自己的孩子。

在南极半岛以南繁殖的企鹅，除了阿德利企鹅以外，就只有在冬季繁殖的帝企鹅了。即便有人类靠近，阿德利企鹅也不会逃开，但面对天敌大贼鸥时，为了保护卵和雏鸟，它们还是会展开攻击。

阿德利企鹅雏鸟依偎在妈妈的
怀里。

伫立在南极大陆海面冰山上的阿德利企鹅。上岸时，它们会在水中高速游动，拉近和冰山的距离，然后跃起跳上冰山。

【上】阿德利企鹅一半以上的喙都覆盖着羽毛，所以看起来很短。【下】跳跃的阿德利企鹅。

在寒冷的暴风雪中，即使被雪掩埋，仍然坚持孵卵的阿德利企鹅。

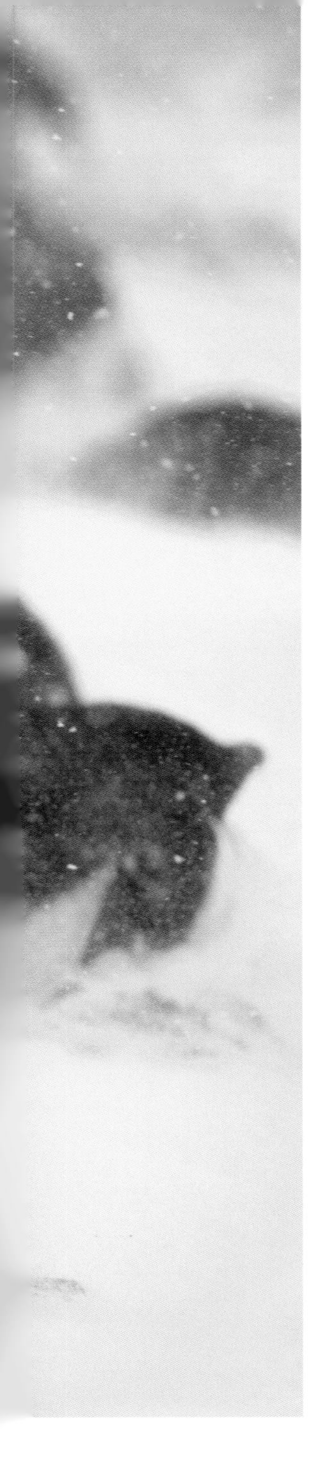

【上】正打算跳进海里的阿德利企鹅。【下】纵身跳到另一块浮冰上的阿德利企鹅。

产卵之后，阿德利雌企鹅就会前往海里觅食，在此期间雄企鹅负责孵卵。雏鸟孵化出来之前，雄企鹅只会与雌企鹅进行一次交换。

【上】这只阿德利企鹅看起来胖嘟嘟的样子，体重大约有 5 千克。【下】阿德利企鹅雏鸟出生 3 周后，第一层绒羽褪去，换成第二层绒羽。

COLUMN

# 与企鹅存在近亲关系的鹱

马恩岛剪水鹱。英国和爱尔兰周边的岛屿和海岸的断崖是它们主要的繁殖地。进入冬天，它们便会飞越10 000 千米迁徙到非洲南部、南非东部南纬 10° ~50° 的海域。

即便是在鸟类里，企鹅对水的适应能力也相当出众，没有一种鸟类对水的适应能力像企鹅这样特殊。

19 世纪分类学确立以后，关于企鹅在分类学上的地位却始终没有定论。分类学史上存在两派学说，一派认为企鹅是某种海鸟的同类，另一派则认为企鹅不属于任何种族，是独立的物种，这种争论延续至今。

的确，陆地上的企鹅看起来与其他鸟类完全不一样。

俄罗斯鸟类学者米哈伊尔·门斯维尔在 1887 年提出了“企鹅是在鸟类的祖先还是爬行动物时，在中生代（爬行动物时代）从其他鸟类分离出来的种族”这一理论。现在，科学家们一致认为鸟类是由恐龙进化而来的，但爬行动物不能直接进化成鸟类。虽然米哈伊尔·门斯维尔的理论不正确，但在 19 世纪就能提出这样的想法，让人觉得不可思议。由此可见，企鹅是一种非常特别的物种。

目前，最古老的企鹅化石是生活在恐龙灭绝后不久、距今 6000 万年前的威马奴企鹅。不过，那时候威马奴企鹅已经失去了飞翔能力，虽然比不过现在，但也具备在水中生活的特殊能力。

随着DNA序列分析在动物分子系统学的不断发展，现在我们已经知道，企鹅与鹱存在着近亲关系。

鹱的同类出现在距今4780万年至距今4130万年前，是一种飞翔能力与企鹅形成鲜明对比的物种。

鹱形目分布在包括南冰洋在内的世界各地，除繁殖时期以外都在外海生活。繁殖期它们会在离岛等地开辟出栖息区域，雌鸟只会产1枚卵。作为鸟类来说，它们的寿命相当长，可以存活15~25年。鹱通常是从海水中补给水分，然后通过眼睛上方的鼻腺将盐分排出体外。

能够飞翔的鸟类里体型最大的就是漂泊信天翁。

鹱形目共有4科，分别是信天翁科、鹱科、鹈燕科、海燕科。其中，信天翁体长107~135厘米，翅膀展开之后翼展甚至可达3米。

漂泊信天翁是现存能够飞翔的鸟类里体形最大的一种，翅膀展开之后的最长纪录达到3.63米。

鹱形目鹱科的海角鹱。在新西兰海域的岛屿繁殖。

## 11

# 帽带企鹅

Chinstrap Penguin

学名：*Pygoscelis antarctica*　体长：70~75 厘米　体重：4~7 千克
繁殖地：南非南端和南极半岛一带

帽带企鹅有时候会与阿德利企鹅属的阿德利企鹅和金图企鹅栖息在同一地方。

帽带企鹅下颚的黑色线条看起来像帽带，因此而得名。学名中带有“*antarctica*”（南极的）的帽带企鹅在南极周边的岛屿上都有繁殖地。虽说南极的代表性企鹅是帝企鹅和阿德利企鹅，但帽带企鹅的发现时间比两者都要早，所以它才有了这个学名。帽带企鹅是阿德利企鹅属中胆子最大又爱打架的种族，有时候在栖息区域就会看到同族之间发生争执。

有时它们会与生活在南极的其他企鹅混居在同一栖息区域，一旦发生地盘争夺战，最终胜利的通常都是帽带企鹅。帽带企鹅潜水深度为 10~40 米，以磷虾等甲壳类动物为食。

帽带企鹅的巢穴基本上都在海岸沿线的地面，但偶尔也会在海拔约 75 米的峭壁斜面上筑巢。帽带企鹅每年 11 月初进入繁殖期，雌企鹅在 11 月下旬至 12 月之间产下 2 枚卵，雌雄企鹅轮流进行 5~10 天的孵卵，雏鸟会在 3 月初离巢。

【上】张开鳍状肢、盯着镜头的帽带企鹅。【下】黑白对比明显、优雅漂亮的帽带企鹅。

两只看起来像是手牵手的帽带企鹅。

【上】帽带企鹅是企鹅当中数量最多的，很容易形成巨大规模的栖息区域。【中】帽带企鹅正扬起鳍状肢，朝着同一方向前进。【下】帽带企鹅游泳的样子就像海豚。

雌雄帽带企鹅每隔 12~24 小时轮流照看雏鸟。

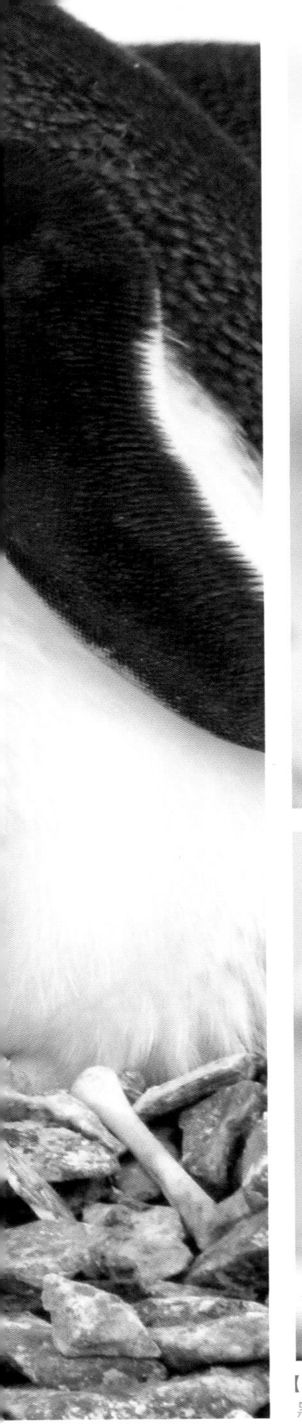

【上】发出“嘎嘎”响亮叫声的帽带企鹅。【下】帽带企鹅从下颚到耳后有一条黑线，因此很容易与其他种族区分开来。

帽带企鹅打盹的时候，直立的头会垂下来，熟睡的时候腹部会紧贴着地面。

【上】求偶和打招呼的时候，帽带企鹅会用喙触碰彼此。【下】孵化出来的帽带企鹅雏鸟在离巢前，都会待在父母的腹部。雏鸟聚集在一起形成“Crèche”，是在出生后 28~35 天。

12

# 金图企鹅（巴布亚企鹅）

## Gentoo Penguin

学名：*Pygoscelis papua*　体长：75~90 厘米　体重：4.8~7.9 千克

繁殖地：南极半岛、亚南极群岛

金图企鹅学名中的“*papua*”来自于巴布亚新几内亚。

金图企鹅的游泳速度非常快，时速可达 35 千米。它们通常会采用两种游泳方式进行捕食：一种是平均潜水深度 4 米、潜水时间 14 秒的短时间浅层潜水；另一种是平均潜水深度 80 米、潜水时间 150 秒的长时间深层潜水。从外观上来看，头顶的白色三角形羽毛和修长的尾羽是金图企鹅最大的特征。金图企鹅会选择没有冰的低洼地面作为栖息的据点，并将草、小石子、羽毛等堆成山状。

雌金图企鹅每次会产 2 枚卵。帝企鹅等大多数企鹅在孵卵期间会长时间等待外出的另一方归来，不吃不喝，但雌雄金图企鹅是每天轮流孵卵、觅食。孵化后的 30 天内，企鹅父母会抚育雏鸟，出生后 4~5 周雏鸟就会聚集在一起形成“Crèche”，企鹅父母则会成群结队地前往海里捕食。这时候“Crèche”里的雏鸟们会移动到海岸，等待爸爸妈妈归来。

经调查研究，金图企鹅的亚种包括北金图企鹅和南金图企鹅两种。

金图企鹅性格比较沉稳，几乎不与其他
动物发生争执。

【上】跳跃着游泳的金图企鹅，是企鹅家族中游泳速度最快的种族。【下】金图企鹅头顶至眼睛周围有白色的带状斑纹。

可爱的金图企鹅雏鸟，出生后 4 周都会待在巢里。

【上】盯着远方某处的金图企鹅。【中】这些金图企鹅们看起来像是在交谈。【下】金图企鹅下海时，会径直走到水没过一半身体的地方。

金图企鹅雏鸟离巢需要80~100天，形成“Crèche”后企鹅父母每天还是会给雏鸟喂食。

【上】奋力游泳溅起水花的金图企鹅。【下】金图企鹅爸爸正在给雏鸟喂食，主要的食物是小鱼和磷虾。

成年金图企鹅几乎一整年都在繁殖地和附近区域生活。

13

# 非洲企鹅（黑脚企鹅）

## African Penguin

学名：*Spheniscus demersus*　体长：64~70 厘米　体重：2.4~4 千克
繁殖地：非洲南部

“非洲企鹅”的名字源于它们的栖息地——南非开普敦。

非洲企鹅是唯一栖息在非洲大陆的企鹅，主要特征为喙上有白色的线条，眼睛周围能看到粉色的皮肤，脖子下面有黑色的线条。它们的脚是黑色的，所以也被称为黑脚企鹅。非洲企鹅的潜水深度为 30~90 米，它们白天会聚集成 10 只左右的小群体活动，以鳀鱼、乌贼、章鱼等为食。它们的性格具有攻击性，遇到敌人会用喙发起攻击。

非洲企鹅喜欢长期居住在同一个地方，基本上不会离开繁殖地。除了在地表筑巢，非洲企鹅还会挖隧道筑巢。它们全年都产卵，如果食物丰富，一年可以繁殖多次。雌非洲企鹅每次都会产下 2 枚卵，然后雌雄企鹅轮流进行为期 40 天的觅食和孵卵。孵化后 70~100 天非洲企鹅雏鸟离巢，不再停留在栖息区域，待一年后的换毛期，雏鸟成长为幼企鹅之后，才会重返故乡。这是喜欢长期居住在同一个地方的非洲企鹅特有的习性。

流经印度洋的厄加勒斯洋流带来丰富的饵料，所以非洲企鹅大多都栖息在洋流流经的周边地区。

非洲企鹅雏鸟背部覆盖着茶色的绒羽，长大后羽毛就会变成蓝灰色。

【上】守护巢穴和雏鸟的非洲企鹅爸爸。育儿的任务由雌雄企鹅共同分担。【下】正在交配的非洲企鹅夫妇。

【上】是因为好奇心旺盛吗？非洲企鹅对镜头表现出浓烈的兴趣。【左下】非洲企鹅的眼睛周围露出粉色的皮肤。【右下】非洲企鹅嘹亮的叫声听起来像驴叫，所以也被称为公驴企鹅。

几次原油泄漏事故导致非洲企鹅个体数量急剧减少，因此其被认定为濒临灭绝的物种。

聚集在开普敦博尔德斯海滩繁殖的
非洲企鹅。

14

# 洪堡企鹅

## Humboldt Penguin

学名：*Spheniscus humboldti*　体长：56~70 厘米　体重：3.6~5.9 千克
繁殖地：南美洲秘鲁、智利的海岸地区

洪堡企鹅喙的周围呈粉红色，很容易与其他企鹅属的种族区分开来。

在大多数人的印象中，企鹅都是生活在寒带的，但洪堡企鹅则是栖息在温暖、干燥的南美太平洋沿岸。“洪堡企鹅”的名字源于德国科学家亚历山大·冯·洪堡。洪堡企鹅的外形看起来与麦哲伦企鹅的相似，但其胸部只有 1 条黑色的带状斑纹。洪堡企鹅潜水深度约为 27 米，相较于与其他企鹅要浅一些，最深的潜水记录为 53 米。

洪堡企鹅会在土里挖洞筑巢，也会利用洞穴、岩穴。潜藏在洞中不仅能保护自己免受高空敌人的攻击，还能避免身体暴露在强烈的日光下。洪堡企鹅非常胆小，它们尽可能避免与人接触。

洪堡企鹅全年繁殖，但多数情况下是在 4—5 月产卵，有时候会在 9—10 月进行第二次繁殖，每次产卵 2 枚。

洪堡企鹅栖息在干燥、降雨稀少的地区。

从水中探出头的洪堡企鹅，茶色的喙上有灰色的斑纹。

【上】在秘鲁寒流经过的秘鲁、智利海域以及周围的岛屿上，都能观察到洪堡企鹅。它们不太耐热，也不太耐寒。【下】洪堡企鹅腹部的黑色斑纹存在个体差异，这对其个体的识别很有帮助。

正在戏水的洪堡企鹅。

COLUMN

# 已经灭绝的大型企鹅

现存体形最大的企鹅是帝企鹅，体长 100~130 厘米，体重 20~45 千克，生活在南极大陆周围，在冬天零下数十度的冰川繁殖。除繁殖期以外，帝企鹅都生活在南极大陆附近的洋面上。

紧随帝企鹅之后，第二大的种族是王企鹅。它们体长 80~95 厘米，体重 10~16 千克，在南大西洋和印度洋南纬 45°~55° 的亚南极群岛上繁殖。除繁殖期以外，它们都生活在洋面上。王企鹅与帝企鹅，也就是整个王企鹅属的企鹅，样子都非常相似。

在化石界，人们发现了比帝企鹅体形还要大的物种。

厚企鹅是在新西兰南岛南部奥塔哥地区发现的企鹅种族。据推测，它们的体长在 140~160 厘米，体重可达 80~90 千克。厚企鹅与帝企鹅是不同属的物种，所以其羽毛的配色很可能与帝企鹅的不一样。厚企鹅的化石在 1873 年左右被发现，但直到 20 世纪 30 年代以后，化石界才有更多的人认识它。

比厚企鹅体形更大的种族是剑喙企鹅，别名又叫诺氏巨型企鹅（Nordenskjoeld's Giant Penguin），但它不是厚企鹅属的物种，两者也没有近亲关系。当然，

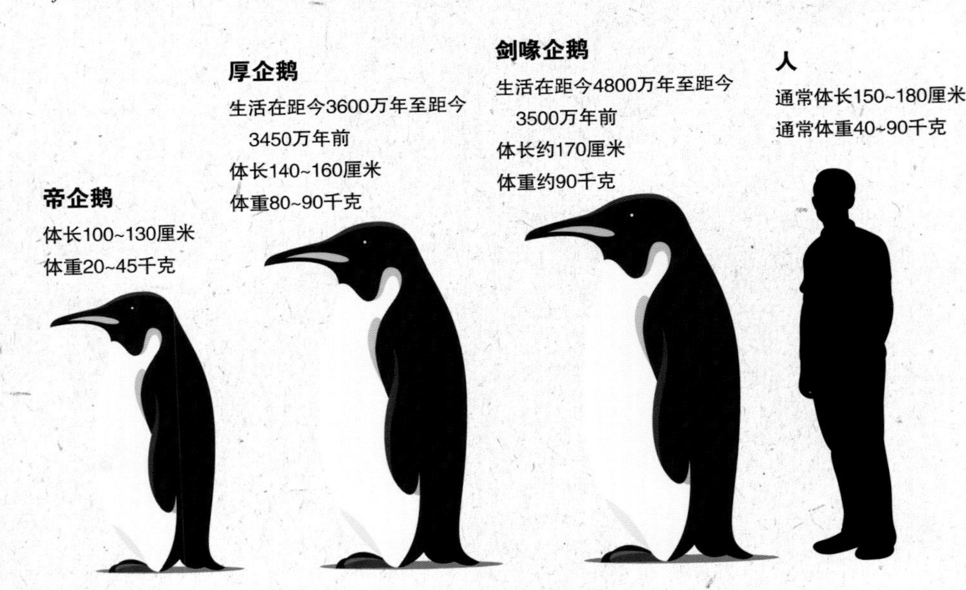

我们可以因此而推测出剑喙企鹅的羽毛配色与厚企鹅的和帝企鹅的都不相同。据推测，剑喙企鹅的体长约为 170 厘米，体重约为 90 千克。剑喙企鹅生活在距今 4800 万年至距今 3500 万年前，其翅膀形态依然与能飞翔的企鹅祖先一样。在南极洲的西摩岛以及新西兰和澳大利亚，都有它的化石出现。

化石界最古老的企鹅是威马奴企鹅，那是在新西兰发现的。它们出现的时间可以追溯到恐龙刚刚灭绝的 6000 万年前。那时候威马奴企鹅的翅膀已经不能飞翔，但可以适应水中的生活。不过，它们的翅膀与能飞翔的企鹅祖先一样，还保留着当初的形态，并没有形成现在企鹅那样的鳍状肢。

现存企鹅中，相对来说还保留着古老形态特征的种族应该是小蓝企鹅。它们走路时身体会向前倾，并非是直立的，因此被认为可能是现存企鹅物种中最原始的一种。

现存体形最大的鸟类是鸵鸟，其体长最高可达 240 厘米。已经灭绝的巨型恐鸟曾经是体形最大的鸟类，体长最高可达 360 厘米。恐鸟大约是在 15 世纪灭绝的，灭绝原因与人类到达新西兰不无关系。

现存能够飞翔的最大鸟类是漂泊信天翁，其翅膀展开之后翼展超过 3 米。在灭绝的鸟类物种中，生活在距今约 2500 万年前的桑氏伪齿鸟最大，据推测，其翅膀展开之后翼展可达 6.06~7.38 米。

**巨型恐鸟**

史上最大的鸟类

生活在新西兰

15世纪左右灭绝

体长360厘米（最高）

体重250千克（最重）

## 15

# 麦哲伦企鹅

## Magellanic Penguin

学名：*Spheniscus magellanicus*　体长：65~76 厘米　体重：2.7~6.5 千克
繁殖地：南美洲的太平洋沿岸

之所以将其命名为“麦哲伦企鹅”，是因为最初发现这种企鹅物种存在的人是探险家麦哲伦。

麦哲伦企鹅胸部的 2 条黑色带状斑纹是其最大的特征，其他企鹅属的种族都只有 1 条，所以非常容易区分。它们腹部的黑斑纹与其他企鹅属的种族一样，但不同的个体间存在着差异，在观察时可以由此来辨别不同的个体。麦哲伦企鹅的游泳速度为时速 7 千米，会成群结对觅食，具有攻击性，有时还会互相乱咬。它们位于南美洲太平洋沿岸的繁殖地因受厄尔尼诺现象的侵袭，小鱼都潜到了海底深处，导致麦哲伦企鹅的食物不足。

一旦暴雨将巢穴淹没，麦哲伦企鹅雏鸟就会因体温下降而衰弱致死。与洪堡企鹅一样，麦哲伦企鹅筑巢的目的也是为了抵御外敌和防止阳光直射身体。

雌麦哲伦企鹅产下 2 枚卵后，雌雄企鹅会交替孵卵，而且企鹅父母会将孩子区分为第一雏鸟和第二雏鸟，第二雏鸟的死亡率较高。雏鸟离巢前都会待在巢穴里，不会形成“Crèche”。

【上】受全球气候变暖和石油污染的影响，麦哲伦企鹅的数量一直在减少。【下】为了避免强烈日晒带来的热量蓄积在体内，麦哲伦企鹅经常会在巢穴中和阴凉处休憩。

即使换毛，麦哲伦企鹅的黑斑还是会出现在同样的位置，所以不会扰乱人类对它们的识别。

【上】麦哲伦企鹅在草原、灌木地带和裸露的土地上筑巢 【下】麦哲伦企鹅的孵卵期在 40 天左右，雌雄企鹅会轮流进行。

【上】麦哲伦企鹅雏鸟会在出生 9~17 周后离巢。【左下】麦哲伦企鹅正在警惕从空中发动袭击的天敌大贼鸥。【右下】除了小鱼以外，麦哲伦企鹅还捕食磷虾。

相比于雄性，生活在阿根廷的雌麦哲伦企鹅更喜欢选择在远离繁殖地的海域过冬。

16

# 加拉帕戈斯企鹅

## Galapagos Penguin

学名：*Spheniscus mendiculus*　体长：48~53 厘米　体重：1.7~2.5 千克
繁殖地：厄瓜多尔属加拉帕戈斯群岛

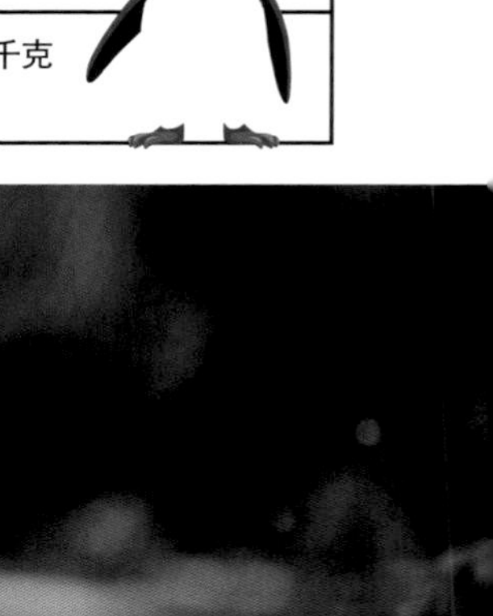

在企鹅属中，加拉帕戈斯企鹅是体形最小的种族。

栖息在加拉帕戈斯群岛的企鹅，是唯一适应热带海域的种族。为了在气温超过 40 ℃的环境下生存，加拉帕戈斯企鹅要将体内的热量不断排出体外，它们会张开喙，像狗一样急促地呼吸，有时还会弓起背，让双脚躲在阴凉处，或者是张开鳍状肢，以此制造出阴影，筑巢时也会选择在岩石的裂缝处，这样能更耐热。成年加拉帕戈斯企鹅和雏鸟一整年都不会离开加拉帕戈斯群岛。觅食时它们会单独或者三三两两地潜入寒冷的洋流中，鲻鱼、沙丁鱼和甲壳类动物都是它们的食物。

加拉帕戈斯企鹅全年都会繁殖，大多数是在水温 24 ℃以下时进行，海水温度一旦过高，饵料减少，它们就不再繁殖了。雌雄加拉帕戈斯企鹅会轮流给雏鸟喂食，60~65 天后雏鸟离巢。它们每年还会进行 2 次不定期的换毛，而且都是在非繁殖期。

受人为因素的影响，加拉帕戈斯企鹅的数量在不断减少，但厄尔尼诺现象的影响现今更加不容小觑。

加拉帕戈斯企鹅生活在热带，但与其他企鹅一样拥有能耐受严酷环境的身体构造。

加拉帕戈斯企鹅是企鹅家族中唯一适应热带海域的种族，其羽毛也相对短一些，这是为了释放热量。

【上】受厄尔尼诺现象的影响，海水温度上升，加拉帕戈斯企鹅的数量也在日渐减少。【下】在熔岩上享受日光浴的加拉帕戈斯企鹅。

【上】正在交配的加拉帕戈斯企鹅。【下】20 世纪 70 年代时还有一万多只加拉帕戈斯企鹅，现在却已经被认定为是“濒临灭绝的物种”。

在加拉帕戈斯群岛海面附近觅食的加拉帕戈斯企鹅。

图书在版编目（CIP）数据

企鹅/日本日贩IPS编著；何凝一译. -- 贵阳：贵州科技出版社, 2022.1
ISBN 978-7-5532-0978-4

Ⅰ. ①企… Ⅱ. ①日… ②何… Ⅲ. ①企鹅目—青少年读物 Ⅳ. ①Q959.7-49

中国版本图书馆CIP数据核字(2021)第200408号

著作权合同登记号 图字：22-2021-040
TITLE：［ペンギンの本］
BY:［日販アイ・ピー・エス］


企鹅

QI 'E

策划制作：北京书锦缘咨询有限公司（www.booklink.com.cn）
总 策 划：陈 庆
策　　划：姚 兰

编　　著：［日］日贩IPS
译　　者：何凝一
责任编辑：胡仕军
排版设计：刘岩松
出版发行：贵州科技出版社
地　　址：贵阳市中天会展城会展东路A座（邮政编码：550081）
网　　址：http://www.gzstph.com
出 版 人：朱文迅
经　　销：全国各地新华书店
印　　刷：昌昊伟业（天津）文化传媒有限公司
版　　次：2022年1月第1版
印　　次：2022年1月第1次印刷
字　　数：176千字
印　　张：4
开　　本：889毫米×1194毫米　1/32
书　　号：ISBN 978-7-5532-0978-4
定　　价：39.80元

天猫旗舰店：http://gzkjcbs.tmall.com